CB134880

PSICOLOGIA

100 MINUTOS *para entender* PSICOLOGIA

2ª edição

astral
cultural

Copyright © 2024 Astral Cultural
Todos os direitos reservados à Astral Cultural e protegidos pela Lei 9.610, de 19.2.1998. É proibida a reprodução total ou parcial sem a expressa anuência da editora.

Editora Natália Ortega
Produção editorial Andressa Ciniciato, Brendha Rodrigues e Thais Taldivo
Revisão João Rodrigues
Edição de arte e capa Tâmizi Ribeiro

Dados Internacionais de Catalogação na Publicação (CIP)
Angélica Ilacqua CRB-8/7057

C386

100 Minutos para entender a psicologia. – 2 ed -
—Bauru, SP : Astral Cultural, 2024.
128 p. (Coleção Mente em foco)

Bibliografia
ISBN 978-65-5566-514-7

1. Psicologia I. Série

24-1598 CDD 150

Índices para catálogo sistemático:
1. Psicologia

BAURU
Rua Joaquim Anacleto
Bueno 1-42
Jardim Contorno
CEP: 17047-281
Telefone: (14) 3879-3877

SÃO PAULO
Rua Augusta, 101
Sala 1812, 18º andar
Consolação
CEP 01305-000
Telefone: (11) 3048-2900

E-mail: contato@astralcultural.com.br

SUMÁRIO

Apresentação 7

A origem da psicologia 11

Vertentes e personalidades psicológicas 29

Tipos de terapia 57

Transtornos da mente 75

Conceitos 91

APRESENTAÇÃO

Para obter equilíbrio na vida, é importante cultivar uma mente e um corpo sãos. Afinal, como aponta a Organização Mundial da Saúde (OMS), a saúde deve ser definida como o estado de completo bem-estar físico, mental e social, e não somente a ausência de invalidez.

Neste sentido, da mesma forma que, para obter uma vida saudável é recomendado realizar exercícios físicos frequentemente, adquirir informações sobre o funcionamento da mente humana também é um elemento-chave para desenvolver práticas adequadas no dia a dia.

Tendo isso em vista, preparamos a **Coleção Mente em Foco** com o intuito de reunir conceitos e metodologias de campos destinados ao estudo exclusivo do cérebro. Por meio da diversidade de visões de especialistas e cientistas ao longo da história, buscamos sugerir novas compreensões, além de incentivar uma relação mais saudável com o complexo órgão.

Para aqueles que buscam se informar e desfrutar de um maior equilíbrio com a psique— do grego *psykhé*, que significa alma e espírito—, neste volume de **100 minutos para entender Psicologia** reunimos conhecimentos como origens, conceitos, vertentes, escolas e personagens de destaque da área de estudo como forma de incentivarmos o acesso ao campo. Ainda nessa missão, também apontamos na edição transtornos da mente que podem ser tratados por meio de terapias, além de oferecer opções de acesso e atendimento para aqueles que convivem com uma rotina problemática de desequilíbrio. Dessa forma, temos como objetivo gerar uma melhor compreensão sobre a saúde mental e incentivar o cultivo de um corpo em harmonia.

1

A ORIGEM DA PSICOLOGIA

Quando uma pessoa se queixa de dores no peito, o cardiologista é o profissional que deve ser procurado; já uma alergia na pele é assunto para ser investigado por um dermatologista, assim como o sistema reprodutor humano nos remete a um ginecologista ou a um urologista. No caso de distúrbios que envolvem a mente, que causam aflições emocionais no dia a dia, um dos especialistas capaz de resolver o problema é o psicólogo.

Por mais que seja um campo bastante consolidado na comunidade médica nos dias atuais, a psicologia como a compreendemos atualmente demorou séculos para se formar. Até que pudéssemos observar a popularização de sessões clínicas voltadas ao propósito de equilibrar o funcionamento da mente, o campo passou por diversas transições.

Apesar de inúmeras vertentes terem sido concebidas em torno de um objetivo parecido, elas levaram um certo tempo para serem reunidas com uma mesma finalidade: compreender por meio do estudo (do grego *logos*) como o comportamento humano estava associado às angústias da alma (do grego *psykhé*).

Uma nova perspectiva

Os primeiros passos da psicologia foram dados por volta de 200 a.C. Sustentado pelas reflexões do filósofo grego Sócrates, que, à época, se debruçou sobre o questionamento daquilo que constrói a razão humana, o campo de estudo começou a se desenvolver.

Contudo, a psicologia só viria a se firmar como ciência, e de maneira próxima a como se apresenta nos dias de hoje, na Europa, durante os séculos XIX e XX. Foi em 1873 que o médico alemão Wilhelm Wundt iniciou um estudo pioneiro sobre as bases comportamentais humanas.

Em sua obra *Princípios de psicologia fisiológica,* o especialista apresentou parte de uma aprofundada análise, na qual associava a ciência aos conhecimentos já demonstrados ao longo dos séculos anteriores sobre o comportamento humano. Desse modo, Wundt realizou diversos testes psicológicos, nos quais o tempo de reação dos participantes submetidos a determinados estímulos sugeriu a complexidade do funcionamento da mente.

Em 1875, o filósofo americano William James ministrou na Universidade de Harvard, nos Estados Unidos, a primeira aula de psicologia experimental então documentada. O acontecimento acabou por dar origem à prática clínica e foi considerado um dos passos iniciais para a transformação da psicologia teórica, assim como as investigações de fenômenos mentais, em um campo medicinal, capaz de tratar indivíduos.

Durante a virada dos séculos XIX e XX, foi a vez de o neurologista austríaco Sigmund Freud, após se debruçar sobre a mente humana, escrever a obra *A interpretação dos sonhos*, que daria origem às primeiras manifestações em torno da psicanálise.

Apesar de ser uma área de estudo considerada independente do campo da psicologia, a psicanálise fundamentada por Freud foi um importante marco para uma melhor compreensão dos sofrimentos psíquicos humanos como um todo.

Com a produção de obras teóricas revolucionárias, que construíram uma visão mais complexa sobre o potencial da área, o conceito da psicologia foi, progressivamente, se associando à prática clínica — fato que ocasionou a criação da profissão de psicólogo. Popularmente, a ciência é responsável por gerar alternativas que, no fim de um tratamento, são capazes de causar bem-estar aos pacientes.

O começo da Psicologia

Ainda na Grécia Antiga, o filósofo Sócrates começou a investigar os fenômenos da razão humana.

200 a.C. — **Séc. XIX e XX**

O filósofo americano William James ofereceu o primeiro curso de psicologia experimental nos Estados Unidos, em 1875.

O médico Wilhelm Wundt iniciou um estudo sobre as bases comportamentais humanas, associando-as a um comportamento complexo da mente, além de ter fundado o primeiro laboratório dedicado à psicologia experimental.

1875

1899

No ano de 1899, o neurologista austríaco Sigmund Freud publicou o livro *A interpretação dos sonhos*, com o propósito de investigar os fenômenos da consciência e inconsciência humana.

Na prática

Por mais que o equilíbrio existente entre mente e corpo seja algo subjetivo, ocorrendo de formas diferentes de pessoa para pessoa, percebe-se avanços quando o indivíduo consegue aprimorar hábitos prejudiciais que lhe causam danos por meio de uma técnica — esta proporcionada pela psicologia.

Muitas vezes, o indivíduo chega à psicoterapia sem conseguir perceber as situações negativas em que se encontra envolvido. Entretanto, por meio de informações sobre o funcionamento da mente, o terapeuta é capaz de envolver o paciente em um processo de conscientização no qual é gerada a melhora das respostas emocionais do paciente diante dos diferentes cenários cotidianos.

Embora ainda hoje o tratamento por meio da psicologia seja cercado por estigmas — há quem pense que apenas pessoas "loucas" precisam de terapia ou que procurar ajuda é uma demonstração de fraqueza —, é importante compreender que a terapia pode oferecer ferramentas eficazes de equilíbrio.

Para cultivar boas relações na rotina, muitas vezes o indivíduo pode precisar de um auxílio especializado para entender que sua relação com o mundo depende do equilíbrio de seu estado interior — o que torna o investimento em autoconhecimento fundamental. Apenas dessa forma, ao assumir a responsabilidade de autocuidado, o paciente tem chances de viver de forma saudável, buscando consolidar um cotidiano pleno de realizações.

Quem não lida com processos prejudiciais diretamente e nega, ou adia, mudanças saudáveis (e um estímulo para o crescimento), em algum outro momento da vida será desafiado a lidar novamente com o mesmo tipo de situação, mantendo-se estável em uma rotina desequilibrada.

Assuntos estudados

Mesmo que a humanidade tenha sempre presenciado distúrbios, é com o surgimento do campo da psicologia que a interpretação de transtornos de ordem da psique foi evoluindo. Durante um período da história, quadros como depressão e ansiedade foram considerados sinônimos de loucura e histeria. Nesse contexto, a criação do Manual Diagnóstico e Estatístico de Transtornos Mentais (DSM) e do Código de Doenças Internacionais (CID) é considerada um marco por proporcionar aos profissionais mecanismos para melhor compreensão da saúde mental de seus pacientes.

Entretanto, é importante salientar que, apesar da existência desses guias, as demandas do indivíduo durante as sessões de psicoterapia são avaliadas de acordo com a investigação que o psicólogo realiza, levando em conta a vivência atual e também os problemas relatados pelo paciente.

Psicologia clínica na atualidade

Os dados abaixo foram obtidos, em especial, por meio de questionários disponibilizados aos profissionais credenciados à Sociedade Internacional de Terapia (SINTE) e ao Conselho de Auto Regulamentação da Terapia Holística (CRT) nos anos entre 2012 e 2016, com aproximada de 2.500 participantes somados.

PARA FIXAR NA MEMÓRIA

- A psicologia, como a compreendemos atualmente, demorou séculos para se formar;
- Os primeiros passos da psicologia são dados por volta de 200 a.C pelo filósofo grego Sócrates;
- Nos séculos XIX e XX, o campo vivenciou descobertas que a destacaram. Uma delas transforma a psicologia em uma área experimental, com capacidade clínica;

- O psicólogo deve envolver o paciente em um processo de conscientização no qual é gerada a melhora das respostas emocionais do paciente diante dos diferentes cenários cotidianos;
- Por mais que ainda hoje o tratamento por meio da psicologia seja cercado por estigmas, é importante compreender que a terapia pode oferecer ferramentas eficazes de equilíbrio;
- A criação do Manual Diagnóstico e Estatístico de Transtornos Mentais (DSM) e do Código de Doenças Internacionais (CID) é considerada um marco por proporcionar aos profissionais mecanismos para melhor compreensão da saúde mental de seus pacientes;

- Os quadros dos pacientes são tratados de acordo com a investigação que o psicólogo realiza, levando em conta a vivência atual e os problemas relatados pelo paciente.

2

VERTENTES E PERSONALIDADES PSICOLÓGICAS

Apesar de ser um fenômeno desejado por muitos, o equilíbrio físico e mental é algo difícil de ser colocado em prática. Além disso, buscar harmonia em nossa vida em meio à correria e aos desafios de um mundo frenético tornou-se uma missão cada vez mais árdua. Entretanto, a psicologia é uma importante ferramenta para que possamos entender nossos obstáculos cotidianos e, assim, tentar vencer aquela fase em que os problemas parecem sem fim.

Originada como campo experimental durante os séculos XIX e XX, a psicologia deu importantes passos por meio de nomes, como o médico alemão Wilhelm Wundt, o filósofo americano William James, e o neurologista Sigmund Freud. Contudo, depois das célebres figuras, outros profissionais e estudiosos aprimoraram técnicas e pesquisas que deram origem a escolas e métodos de tratamento específicos. Assim, a psicologia tornou-se capaz de abordar diversos perfis de pessoas, tornando-se uma área que se propõe a trabalhar de diferentes formas com as quais o sofrimento humano pode se manifestar.

Ao procurar esclarecimentos a respeito dos motivos para vivenciarmos mudanças emocionais ou para a complexidade dos sentimentos humanos, é importante compreender que a psicologia é um campo em constante desenvolvimento. Nesse contexto, seja a título de curiosidade ou para iniciar um processo de autoaprimoramento — por meio da terapia —, o indivíduo pode ser amparado por inúmeros conceitos e visões de diferentes especialistas.

Até por conta disso, o campo foi se consolidando ao longo do tempo, conforme inovações de diferentes especialistas. Dentre os profissionais destinados ao setor mais subjetivo do organismo, existem os psicólogos, os psiquiatras e os psicanalistas, sendo que essa tríade tem, cada um à sua forma, uma maneira de enxergar e tratar dilemas individuais. Assim, tanto para descobrir o especialista mais indicado para uma linha de tratamento quanto para compreender os ramos da psicologia, é valioso entender que o campo é resultado de uma construção conjunta — e plural — em torno dos mistérios da mente.

Estruturalismo

Partindo do ponto que analisar a mente humana é uma tarefa complexa, é fundamental a existência de uma ciência consolidada e específica, capaz de abarcar os fenômenos do órgão. Apenas dessa forma torna-se possível realizar um estudo de maneira aprofundada em busca da compreensão do pensamento, comportamento e discurso humano em sua plenitude — tanto fenômenos negativos, como distúrbios, quanto positivos, a exemplo de prazeres. A postura defendida pelo médico alemão Wilhelm Wundt é, atualmente, considerada um dos pilares para a criação da psicologia como a compreendemos, denominada moderna. Um campo único e especializado na análise dos comportamentos da psique. Ao psicólogo alemão também é atribuída a influência sobre a vertente estruturalista, uma das primeiras correntes a existir no campo independente de estudos da mente.

Para difundir uma nova compreensão da psicologia, Wundt colocou diante de si alguns desafios complicados. Em um deles, no ano de 1879, criou o primeiro laboratório de psicologia experimental na Universidade de Leipzig, na Alemanha. Nele, promoveu diversos testes para o desenvolvimento de uma visão sistêmica sobre a mente e o comportamento humano, testando processos sensoriais básicos. Para isso, concebeu um método chamado *introspecção*, no qual objetivou alcançar uma descrição exata da consciência dos pacientes por meio de experimentos. Por mais que fosse um desafio — afinal o psicólogo alemão considerava a consciência um processo interno e, portanto, algo improvável de ser revelado —, o interesse na técnica como ferramenta de análise da psique tinha a finalidade de demonstrar a reação do comportamento dos pacientes diante dos estímulos propostos, o que era possível por meio da observação.

Outro nome a ser destacado no Estruturalismo foi o psicólogo britânico Edward Titchener. Com o interesse inicial na teoria de Wundt, viajou em direção à Universidade de Leipzig para aprender com seu mentor. Ao se formar, definiu por conta própria a nomenclatura do Estruturalismo.

Em 1892, ao mudar-se para os Estados Unidos, buscou popularizar a vertente que desenvolveu, organizando experiências e comportamentos humanos em categorias como qualidade, intensidade, duração e nitidez. Entretanto, ao longo da carreira, com a defesa irrestrita de suas ideias, passou a ser alvo de críticas.

Especialistas da época questionavam a natureza observativa do método. Entre as alegações mais populares estava a dúvida: "Seria mesmo possível alcançar uma retratação precisa da consciência do indivíduo em testes enquanto este tem a percepção de que se encontra em meio a um experimento?" Seja como for, à vertente de Edward é atribuída à premissa de organizar de forma sistêmica, em valores e elementos, a natureza do funcionamento da mente.

Funcionalismo

Entre os séculos XVIII e XIX, tornou-se popular uma teoria nas áreas da Sociologia e da Antropologia: o Funcionalismo. Nessa concepção, a sociedade é compreendida como um organismo complexo e sistêmico, repleto de funções específicas que atuam de forma adequada dentro de um todo, e não de forma separada. Assim sendo, da mesma maneira que ao ler um livro deve-se ler todos os capítulos para entender a mensagem que o autor busca transmitir, é necessário compreender o funcionamento de instituições e/ou grupos sociais para constatar as razões para o bom ou mau desempenho de uma civilização, como defendiam pensadores, como o filósofo e cientista social francês Émile Durkheim. No contexto da psicologia, a regra não foi diferente.

Com a figura do psicólogo americano William James à frente da vertente, conhecido por lecionar o primeiro curso de psicologia experimental nos Estados Unidos, o funcionalismo psicológico estabeleceu um estudo não mais sobre elementos separados da consciência humana, e sim sobre o processo como um todo. Conforme James, ao vivenciarmos nossa rotina diariamente, nosso pensamento organiza-se em um "fluxo contínuo". Dessa forma, ideias concebidas separadamente unem-se em "pulsações", que ocorrem num ritmo constante e se alteram de acordo com a necessidade até gerarem avanços para a consciência.

Relacionada ao processo sugerido pela teoria de seleção natural do biólogo britânico Charles Darwin, na qual indivíduos mais bem-adaptados aos ambientes a que se expõem encontram maiores chances de sobrevivência, como explica a vertente funcionalista, a evolução da consciência também ocupa papel determinante na sobrevivência humana.

Behaviorismo

Analisar o comportamento também é essencial para obter um entendimento da natureza humana. Com base no termo em inglês *behavior*, que significa *conduta* ou *comportamento*, a vertente teve um de seus marcos iniciais com a publicação, no ano de 1913, escrito pelo artigo *Psicologia como o behaviorista a vê*, do psicólogo americano John B. Watson. No texto, a área fica definida como um ramo experimental puramente objetivo das ciências naturais com a finalidade teórica de prever e controlar comportamentos.

Nessa mesma obra, Watson também aponta críticas em direção às vertentes populares até então, o Estruturalismo e o Funcionalismo, afirmando que o valor científico dos dados obtidos pelo Behaviorismo não depende da facilidade com que eles podem ser interpretados em termos de consciência — uma referência à introspecção, técnica utilizada pelas outras escolas e negada pelo comportamentalista americano.

Apesar de não se debruçar especificamente sobre os processos mentais, pois não os classificava como procedimentos adequados, Watson não deixou de realizar experimentos behavioristas com o intuito de observar a influência de pensamentos e emoções na conduta do indivíduo. Em um deles, utilizou o experimento de reflexo condicionado conduzido pelo fisiologista russo Ivan Pavlov, aplicando-o em humanos. No teste de Pavlov, ao definir que cães naturalmente salivam por comida, o fisiologista começou a apresentar um som (estímulo neutro) nos momentos em que entregava alimento aos animais.

O resultado foi o de que, com o passar do tempo, quando tocava o som na presença dos bichos, eles passavam a salivar mesmo sem a presença da comida (tornando um estímulo neutro e condicionado). Já no experimento do psicólogo americano, um bebê era exposto a animais peludos (estímulo neutro) com um som alto (estímulo aversivo). Após um tempo, mesmo sem a criança ter originalmente qualquer problema com os bichos, ela passou a associar o som desagradável a características dos bichos, desenvolvendo medo.

O teste de Watson ficou conhecido como experimento do Pequeno Albert. Outra figura de destaque no Behaviorismo foi o psicólogo e filósofo americano Burrhus Frederic Skinner, responsável pelo desenvolvimento da teoria de condicionamento operante. Em sua linha de estudos conhecida como Behaviorismo Radical, Skinner definiu os estímulos do ambiente como fatores determinantes para o comportamento. De acordo com ele, nesse contexto o comportamento, caracterizado por uma condição antecedente, uma resposta do indivíduo e uma consequência, apresenta maiores chances de ocorrer quando tem um efeito positivo — a probabilidade diminui quando a consequência é negativa. Por exemplo, quando o indivíduo aperta um botão para ligar uma televisão e é bem-sucedido, em situações futuras parecidas ele buscará ter a mesma postura.

Cognitivismo

Em um contexto em que a psicologia passou a enfocar a análise comportamental dos indivíduos, algumas vertentes adotaram para si a função de oferecer resistência à corrente popular. É o caso do Cognitivismo. Com a dedicação dos estudos voltados a procedimentos não observáveis, afinal a própria cognição compreende processos mentais, como os de raciocínio, memória, atenção, imaginação, linguagem, entre outros, a vertente buscou analisar a configuração e o funcionamento adequado de tais mecanismos da psique.

Entre alguns psicólogos da linha, encontram-se nomes como o do psicólogo britânico Frederic Bartlett, que entendia que processos mentais como pensamento e memória podem ser moldados progressivamente de acordo com a experiência individual de cada pessoa. Segundo ele, ao passo que somos expostos a experiências do dia a dia, desenvolvemos procedimentos de filtragem. As informações consideradas pertinentes para nossa vida e nossas crenças são mantidas, enquanto aquelas consideradas fúteis são evitadas e excluídas.

Entre as terapias mais populares atualmente destaca-se um fato inusitado. Por mais conflitante que pareça, a linha terapêutica congnitivo-comportamental (TCC) é uma junção entre as interpretações behavioristas e cognitivistas. Isso porque a abordagem baseia-se no papel ativo e colaborativo entre terapeuta e paciente. Assim, as técnicas utilizadas são programadas tanto com o objetivo de gerar a resolução de problemas como para o processo de reestruturação cognitiva, que, em conjunto, visam munir o paciente de estratégias para melhorar sua funcionalidade.

Por isso, é muito importante que o profissional fique encarregado da missão de realizar uma verdadeira investigação sobre as funções cognitivas em desarmonia na pessoa e, consequentemente, seja capaz de estabelecer metodologias apropriadas para desenvolver uma vivência em maior equilíbrio.

Gestalt

A visão predominante da vertente Gestalt é que, para compreender as partes, é importante entender o todo. Ao formarmos a imagem de qualquer objeto em nossa mente, a exemplo de uma cadeira, temos a soma de duas compreensões: uma de que sua confecção final é resultada da soma de diferentes partes, como pés e encosto; e outra como um símbolo unificado, independente da junção de partes separadas, como se fosse algo pronto e definitivo.

Outro elemento importante na teoria é a percepção humana. Relacionada ao filósofo grego Platão com sua teoria das ideias, em que há uma diferenciação entre forma e substância, a concepção de mundo como a temos, divide-se, conforme a vertente, entre percepções sensíveis (associadas à natureza do objeto) e formais (interpretações subjetivas de cada um).

Associada à vertente, a terapia Gestalt foi desenvolvida pelo psicoterapeuta alemão Fritz Perls e o americano Paul Goodman nas décadas de 1940 e 1950. Na abordagem, o tratamento se constrói levando em conta o fato de que um terapeuta não estabelecerá a verdade em relação ao cliente. Com a concepção de que cada pessoa possui sua verdade, é necessário que o profissional seja capaz de acompanhar a pessoa no mundo dela, analisar seus hábitos e entender seus problemas. Nessa perspectiva, o terapeuta pode ajudar a pessoa a criar uma percepção mais saudável e adequada de si mesma. Isso ocorre pois não é possível dissociar sujeito e objeto, ou seja, o homem do seu mundo. Conectados, os indivíduos enxergam a realidade a partir de suas histórias, das suas crenças e de seus valores.

Assim, o que alguém percebe está totalmente atrelado à sua forma de ser. Desse modo, apenas é possível remodelar práticas negativas considerando o contexto a que o paciente se encontra exposto e relacionando-se com esses desequilíbrios por meio de uma relação próxima.

Psicanálise

A psique humana é resultada de conflitos internos conscientes e inconscientes. Com essa premissa, a base teórica da psicanálise, tendo à frente o nome do neurologista austríaco Sigmund Freud, considerado o pai da técnica, é originada com a publicação da obra *A interpretação dos sonhos*, em 1899. No livro, Freud propõe uma compreensão do indivíduo que consiste em três instâncias mentais: a consciente, a inconsciente e a pré-consciente — sendo esta última o limite mediador e regulador dos dois ambientes. Desse modo, o inconsciente é um lugar não habitado pela consciência, onde são impossibilitados de emergir à realidade impulsos que são social e eticamente rejeitados pelo indivíduo. Nesse cenário, para regular a ação desses sistemas, existem três instâncias: ego, superego e ID.

A princípio, o ego funciona como uma espécie de mediador, que regula os desejos internos em relação à realidade externa. Já o superego pode ser entendido como o julgador, a estrutura encarregada da responsabilidade e da censura do ego. Por último, o ID é totalmente inconsciente, carregando impulsos e forças que movem os indivíduos.

Dessa relação entre os desejos, a mediação e a censura, forma-se a personalidade. Após o psicanalista austríaco, o francês Jacques Lacan é considerado o principal nome da psicanálise. Enquanto Freud usava a hipnose e a livre associação de ideias como métodos terapêuticos, percebendo os chistes (que consistem em dizer a verdade em tom cômico) e as falhas lógicas (como trocar uma palavra por outra), Lacan tinha como intuito estabelecer uma relação estruturada entre o inconsciente e a linguagem. Para sua teoria, o francês recorreu às concepções do linguista suíço Ferdinand de Saussure sobre a relação entre significante (uma imagem acústica) e significado (um conceito). Essa associação permitiu a Lacan demonstrar que as leis do inconsciente descobertas por Freud são as leis da linguagem, em especial a metáfora (troca de uma palavra por outra) e a metonímia (proximidade de dois termos).

Psicologia Analítica

Se, para Freud, o impulso se configurava como a força motriz da vida, impulsionando e movendo as ambições do indivíduo, para o psiquiatra suíço Carl Gustav Jung, esse ímpeto estava ligado a um universo, que considerava as interações sociais e as crenças religiosas. Um dos principais discípulos do pai da psicanálise, tido por um tempo considerável como seu substituto intelectual natural, Jung teve uma ruptura com Freud.

A partir da dissidência, concretizada após sua expulsão da Associação Psicanalítica Internacional, o também psicoterapeuta fundou a psicologia analítica — também conhecida como junguiana — e concebeu o funcionamento da mente em conceitos como consciência e inconsciente pessoal e coletivo. Para Jung, inclusive, ao contrário de Freud, o inconsciente era uma área dinâmica, capaz de produzir conteúdo, reagrupar os já existentes e trabalhar em uma relação compensatória e complementar com o consciente.

PARA FIXAR NA MEMÓRIA

- Estruturalismo — Relacionada ao médico alemão Wilhelm Wundt, a corrente consolidava a psicologia como uma ciência específica responsável pelo estudo dos fenômenos da psique;
- Funcionalismo — Conforme a vertente do psicólogo americano William James, é necessário compreender o funcionamento de instituições para explicar as razões para o bom/mau desempenho de uma civilização;

- Behaviorismo — Ao contrário de outras correntes, o Behaviorismo, de John B. Watson e B. F. Skinner, enfoca o estudo do comportamento, definindo que a psicologia pode ser resultada de dados obtidos por evidências empíricas;
- Cognitivismo — Processos mentais como o pensamento e a memória podem ser moldados progressivamente de acordo com experiências individuais;
- Gestalt — Em busca da compreensão das partes, essa corrente defende a importância de se analisar o todo;
- Psicanálise — Entre os princípios básicos da perspectiva desenvolvida por Sigmund Freud, destacam-se as forças reguladoras do ego, superego e

ID como mecanismos para o equilíbrio ou desequilíbrio do inconsciente;

- Psicologia Analítica — Na linha do terapeuta suíço Carl Jung, o inconsciente pode ser visto como uma área capaz de produzir conteúdo e reagrupar os já existentes — como é o caso do inconsciente coletivo.

3

TIPOS DE TERAPIA

O termo "terapia" é proveniente do grego *therapeia*, que significa "prestar cuidados médicos ou tratar". Dessa forma, os processos terapêuticos — ou seja, o encontro entre as pessoas que tratavam e as que eram tratadas — são muito antigos. Remontam à Antiguidade (especificamente aos rituais de curandeirismo e xamanismo) e passaram por diversas transições até a criação moderna de hospitais.

Nesse contexto, a psicoterapia acompanhou o processo de consolidação do campo médico, destacando-se ainda mais com a popularização da psicologia no século XX. Isso porque, com o levantamento de informações importantes sobre o funcionamento da mente, o setor foi capaz de consolidar-se como um importante método de tratamento clínico para complicações emocionais e, consequentemente, para o desenvolvimento do bem-estar.

Dois episódios são considerados determinantes para o surgimento da abordagem psicoterapêutica. São eles: a inauguração de estudos experimentais e a criação da psicanálise, originada pelo neurologista austríaco Sigmund Freud.

No decorrer de sua carreira, inclusive, ao realizar a mudança do método hipnótico para a associação livre, o psicanalista passou a ser considerado uma figura importante para o campo psicoterapêutico por popularizar o tratamento focado no conteúdo da fala. Depois do famoso médico, outros profissionais e estudiosos aprimoraram técnicas e pesquisas que também deram origem a escolas e métodos psicológicos.

Psicanálise

Teorizada pelo neurologista austríaco Sigmund Freud em três importantes publicações, *A interpretação dos sonhos*, *Psicopatologia da vida cotidiana* e *Três ensaios sobre a teoria da sexualidade*, a psicanálise, como forma de psicoterapia, busca ouvir o que o paciente tem a dizer sobre suas dificuldades a fim de ajudar a superá-las. O principal ponto dessa técnica é fazer com que a pessoa se livre do fator causador de sofrimento por meio da fala. Para isso, o psicanalista que domina a prática busca investigar elementos, vivenciados pelo indivíduo, que podem ter causado um trauma e, consequentemente, a sequência de sintomas desde então. Mesmo que o episódio traumático tenha ocorrido, por vezes, há muito tempo, o profissional, por meio de associações livres, consegue estimular um maior autoconhecimento por parte da pessoa e, desse modo, trazer o problema à tona para que o tratamento comece a surtir os primeiros efeitos.

Publicado em 1899, o livro *A interpretação dos sonhos* é considerado um dos mais importantes de Sigmund Freud ao definir uma divisão para a psique humana entre consciência, inconsciência e pré-consciência, apontando que, a partir de sonhos, o psicanalista é capaz de acessar matérias profundas da mente. A obra sugere um novo método de tratamento chamado associação livre, que é caracterizado pela cura por meio da fala.

Psicologia Analítica

Mesmo que a contribuição de Freud tenha sido marcante para a compreensão dos fenômenos do inconsciente, a seu pretendido e favorito discípulo também fica o crédito da criação de uma terapia com o foco no terreno mais profundo da mente. Após romper com o psicanalista, Carl Gustav Jung desenvolveu a psicologia analítica e pôde acrescentar uma opção de tratamento para aqueles que buscam uma terapia para problemas do dia a dia. Sem um método de atuação padronizado, esse tipo de análise se baseia em pilares das teorias propostas pelo psiquiatra:

- Camadas do inconsciente: para Jung, existem duas camadas no inconsciente. A primeira reúne as experiências pessoais que podem ser reprimidas, esquecidas ou ignoradas. Já a segunda se refere ao inconsciente coletivo, como instintos e imagens herdados por toda humanidade. A tentativa da psicologia junguiana é estabelecer com o inconsciente uma interlocução, de forma a gerar indivíduos melhores;
- Sonhos: a interpretação dos sonhos também é utilizada para compreender as aflições dos pacientes. Para a psicologia analítica, seus conteúdos podem ser considerados mensagens psíquicas;
- Espiritualidade: a religião, segundo a psicologia analítica desenvolvida por Jung, é

algo natural da psique humana coletiva, que se manifesta por meio dos arquétipos nos sonhos, mitos e ritos. Além disso, a necessidade espiritual do homem em estabelecer rituais, símbolos e crenças religiosas seria uma forma de estruturação psíquica.

Terapia Gestalt

O gestalt-terapeuta pode trabalhar de maneira individual, em grupo, com a família ou em qualquer outra modalidade de atendimento. Desse modo, como a técnica define que o ser humano é capaz de se transformar a partir das relações que estabelece, o papel do profissional é guiar, por meio de conversas, formas saudáveis de o indivíduo relacionar-se com aqueles ao seu redor. A partir do momento em que o paciente busca por terapia, ele não terá as mesmas características depois de seis meses de tratamento. Tendo em vista que a mudança é algo natural na vida, é por meio da terapia que o indivíduo é capaz de criar um espaço de trocas e relações que facilitam esse processo. Como uma clínica é um local protegido onde a pessoa pode se expor, dispondo-se a discussões que normalmente não presencia no dia a dia, o tipo de conhecimento desenvolvido dentro de perspectivas gestalt une as naturezas teórica e prática.

Terapia Lacaniana

A terapia lacaniana é bastante complexa. Por vezes, durante a sessão, o especialista faz poucas, ou quase nenhuma, intervenções na fala do analisando para não influenciar ou contaminar aquilo que o paciente tem vontade, aquilo que o inconsciente dele está pedindo para que ele diga.

Na primeira consulta, o psicanalista ouve a principal queixa do paciente e aquilo que mais o incomoda, deixando-o falar de forma livre. O especialista escuta tanto o que é falado quanto presta muita atenção no que não é dito, ou seja, nas entrelinhas. O estilo desse atendimento gerou muitas controvérsias no mundo psicanalítico da época de seu surgimento — e até hoje —, porque Lacan pregava que era preciso trabalhar de acordo com o timing do seu paciente. Por isso, as sessões podem ser curtas, com apenas dez minutos de duração, ou longas, seguindo por quatro horas. Tudo dependerá do conteúdo que o paciente tem para discutir naquela sessão.

Terapia Cognitivo-Comportamental

Com o nome inicialmente de terapia cognitiva, este tipo de terapia foi, posteriormente, modificado para abrigar também a linha comportamental. Essa modalidade terapêutica busca ressignificar os acontecimentos negativos presentes no passado do paciente, pois, embora reconheça que eles influenciaram a maneira como o indivíduo se comporta no momento, pretende encontrar melhores hábitos para o presente e o futuro. Assim, o objetivo do profissional, à primeira vista, é realizar uma análise emocional da pessoa, identificando suas aflições.

Desse modo, conforme as sessões avançam, por meio de conversas e análises, o paciente consegue mudar os pensamentos que ativam o gatilho do desconforto emocional em questão, gerando uma nova linha comportamental mais saudável e equilibrada. Estudos recentes envolvendo a TCC apontaram que as aplicações da técnica podem ser empregadas no tratamento de transtornos como depressão, ansiedade, transtorno obsessivo-compulsivo (TOC), entre outros.

Análise Transacional

De acordo com a definição da International Transactional Analysis Association (ITAA), a análise transacional é uma teoria da personalidade e uma psicoterapia sistemática para o crescimento e a mudança pessoal. O tratamento é feito por meio de sessões periódicas semanais, cujo número é variável de acordo com a necessidade do paciente. Serão utilizadas técnicas de conhecimento de si, do outro e do mundo, que envolvem os estados de ego, as transações, os jogos psicológicos e o script de vida.

Juntas, essas metodologias servem para promover o diagnóstico das relações humanas em que o indivíduo está envolvido, compreender como nos distanciamos das pessoas ou estabelecemos com elas relações tóxicas e interromper a sequência de comportamentos negativos que gera uma vivência desequilibrada. Nesse sentido, o processo de cura consiste no resgate da autonomia, da espontaneidade e da intimidade.

PARA FIXAR NA MEMÓRIA

- O termo "terapia" é proveniente do grego *therapeia*, que significa "prestar cuidados médicos ou tratar";
- Com o surgimento dos hospitais, fato que disseminou o acesso à saúde e o combate à enfermidade, e a popularização da psicologia no século XX, as psicoterapias se tornaram cada vez mais proeminentes no tratamento;
- Entre as linhas terapêuticas destacam-se a psicanálise, a psicologia analí-

tica, a terapia gestalt, a terapia lacaniana, a terapia cognitivo-comportamental e a análise transacional;

- A psicanálise, teorizada por Sigmund Freud, busca fazer com que a pessoa se livre do fator causador de sofrimento por meio da fala, investigando possíveis traumas vividos no passado;
- Com um amplo estudo nas camadas do inconsciente, a psicologia analítica de Carl Jung enfoca tratar de problemas do dia a dia;
- Como uma clínica é um local protegido onde a pessoa pode se expor, dispondo-se a discussões que normalmente não presencia no dia a dia, o tipo de conhecimento desenvolvido dentro

de perspectivas gestalt une as naturezas teórica e prática;

- Na terapia lacaniana, as sessões podem ser curtas ou longas. Tudo dependerá do conteúdo que o paciente tiver para discutir naquela sessão;
- A terapia cognitivo-comportamental busca ressignificar os acontecimentos negativos do passado do paciente, pois, embora reconheça que eles influenciaram o modo como o indivíduo se comporta hoje, visa encontrar melhores hábitos para o presente e futuro;
- A análise transacional gera um processo que tem como objetivo o resgate da autonomia, da espontaneidade e da intimidade do paciente.

4

TRANSTORNOS DA MENTE

Um frequente alvo de tratamento, os transtornos da mente configuram-se cada vez mais, como presenças recorrentes nas clínicas de psicólogos, psiquiatras e demais especialistas do campo cerebral. Entre as diversas utilidades que podem gerar e os diversos perfis a que se destinam, as abordagens muitas vezes esbarram em problemas de insegurança, tristeza e estresse. Esses, por sua vez, originados por distúrbios emocionais das mais diferentes características.

Agindo de forma silenciosa e eficaz, em pouco tempo de vigência, os transtornos conseguem gerar ao indivíduo uma vivência de desequilíbrio, capaz de incapacitar as mais diversas atividades das esferas pessoal e profissional. Não à toa, inúmeras psicoterapias já se anunciam como métodos eficazes para combater os quadros psíquicos, estabelecendo-se como ferramentas para pessoas que estão em busca de maior qualidade de vida. Veja a seguir alguns dos distúrbios emocionais mais frequentes.

Depressão

O mais recente relatório da Organização Mundial da Saúde (OMS) mostrou que o número de casos de depressão aumentou 18% entre 2005 e 2015, totalizando mais de 320 milhões de ocorrências e configurando como uma das principais causas de incapacidade no mundo. Qualquer pessoa está sujeita a enfrentar momentos complicados durante a vida. Afinal, eles podem surgir de diversos lugares, desde dificuldades no trabalho até crises mais extremas, como doenças ou o luto por alguém querido. Entretanto, a partir do momento em que a tristeza não apresenta um fim, ela passa de um estado de humor para a depressão. Ao persistir o quadro de desequilíbrio, é importante que o indivíduo que está passando por essa situação procure ajuda o mais rápido possível. Por mais que o processo de entender que a ajuda é algo necessário seja desafiador, durante as sessões, o terapeuta é capaz de utilizar diversos recursos para a pessoa encontrar a origem e os motivos da sua depressão, e, assim, desenvolver processos que podem gerar melhorias ao paciente.

Quando notar a depressão?

É normal passar por um período de tristeza em função da perda de um ente querido, por exemplo. Entretanto, a partir do momento em que a tristeza não apresenta um fim, ela passa de um estado de humor para depressão. Nesse cenário, é importante procurar um especialista o mais rápido possível.

Ansiedade

Sentir medo é um estado neurofisiológico que ocorre naturalmente e possui a função de preparar o organismo diante de uma situação real e perigosa à vida. Nessas circunstâncias, o organismo se volta para enfrentar o perigo, como fugir ou se proteger.

Entretanto, quando o sintoma que surge perante uma situação identificada como de sofrimento iminente passa a ocorrer de forma banalizada, até mesmo em experiências inofensivas, é um indicativo para se preocupar. Há algum tempo, a ansiedade fora de controle é categorizada como uma patologia, tanto que está presente no Manual Diagnóstico e Estatístico de Transtornos Mentais (DSM) desde a década de 1980.

Para ter uma ideia de sua amplitude e interferência na rotina, a ansiedade está entre os problemas mentais que ocupam o terceiro lugar em motivos de afastamento do trabalho no Brasil, segundo dados do Instituto Nacional do Seguro Social (INSS).

Dados sobre a ansiedade

- É considerada uma patologia no Manual Diagnóstico e Estatístico de Transtornos Mentais (DSM-5), um importante documento da comunidade científica de psicologia.
- A ansiedade configura em terceiro lugar como principais motivos de afastamento do trabalho no Brasil, segundo dados do Instituto Nacional do Seguro Social (INSS).
- No Brasil, aproximadamente 9,3% da população sofre de ansiedade de acordo com dados levantados pela Organização Mundial da Saúde (OMS), o que coloca o país na dianteira do transtorno em todo o mundo.

Síndrome de burnout

Quem nunca se sentiu estressado devido ao trabalho? Às vezes, cumprir com o simples exercício do ofício pode ficar mais difícil do que imaginamos — ou gostaríamos.

A síndrome de burnout, que tem origem na constante pressão emocional relacionada ao envolvimento laboral intenso por um longo período, afeta trabalhadores que estão no limite do estresse relacionado ao ofício, causando consequências psicológicas e físicas em seu organismo. O próprio termo *burnout* faz referência a esse esgotamento — traduzida do inglês a palavra significa "queimar-se" (ou "combustão completa").

Apesar de não estar listada oficialmente no Manual Diagnóstico e Estatístico de Transtornos

Mentais (DSM-5), principal guia internacional no que se refere a distúrbios da mente, a síndrome de burnout carrega sintomas tanto de um quadro depressivo quanto de um diagnóstico típico de ansiedade e, exatamente por isso, merece atenção.

Por se tratar de um transtorno diretamente ligado à atuação profissional, as primeiras atitudes a serem consideradas devem estar relacionadas à atividade. Isso significa que, segundo os especialistas, é preciso avaliar se o ambiente do trabalho possui fatores que causam o estresse, tais como ambiente nocivo ou excesso de demandas, ou se são as atitudes da própria pessoa que passam a ser o ápice de tal acometimento, algo possível por meio de atendimentos terapêuticos.

Características do burnout

- A síndrome de burnout carrega sintomas tanto de um quadro depressivo como de um quadro de ansiedade, e merece atenção.
- O tratamento do quadro é realizado com base em distúrbios de natureza semelhante.
- Surge, principalmente, em função de ambientes de trabalho abusivos ou de cobranças exageradas de prazos.

Transtornos alimentares

Quando a mente fica sobrecarregada, pode ser que alguma área do corpo sofra as consequências.

Nesse contexto, há pessoas que, em situações de tristeza e decepção, por exemplo, deixam de comer e acabam emagrecendo; já outras, em contrapartida, descontam suas frustrações nos alimentos e somam quilos extras na balança. Isso porque os transtornos alimentares, quadros que afetam a capacidade nutritiva de uma pessoa, são caracterizados por comportamentos desajustados em relação à comida e, na maioria dos casos, no que diz respeito ao corpo. Quando interfere na saúde mental e física, a alimentação pode ser considerada um quadro grave que chega a danificar relações pessoais, profissionais e derivar outras questões, como isolamento e depressão. Entre os mais comuns, encontram-se:

- Anorexia: O indivíduo tem uma visão distorcida do próprio corpo, vendo a si mesmo como uma pessoa obesa, quando na verdade está muito abaixo do peso mínimo. Assim, ele não come, para emagrecer ainda mais;

- Bulimia: Ao contrário da anorexia, a pessoa não deixa de se alimentar, mas sim come demasiadamente e se arrepende depois, provocando o vômito para se livrar de todo o excesso consumido;

- Compulsão alimentar: O ganho de peso tende a ser o sintoma principal da disfunção, já que a pessoa perde totalmente o controle da quantidade de alimentos que deve consumir para ter uma vida saudável. Esse tipo de problema vem acompanhado, geralmente, de um trauma, uma perda ou, até mesmo, de frustrações ligadas ao trabalho, a amizades e a relacionamentos amorosos, etc.

PARA FIXAR NA MEMÓRIA

- Cada vez mais, os transtornos da mente configuram-se como presenças recorrentes nas clínicas de psicólogos, psiquiatras e demais especialistas que têm como foco de estudo o campo cerebral;
- Nos principais quadros emocionais, a depressão, a ansiedade, a síndrome de burnout e os transtornos alimentares são responsáveis por aflições na vida de diversas pessoas e devem contar com

ajuda de profissionais especializados, tais como psicólogos e psiquiatras, para serem tratados de forma adequada.

5

CONCEITOS

Na correria do dia a dia, há o costume de utilizar determinadas palavras em que, muitas vezes, nem há reflexão sobre seus conceitos. E eles podem ser múltiplos, ou seja, terem diferentes significados, dependendo do viés com o qual são analisados.

Até mesmo dentro da própria psicologia podem ocorrer certas divergências acerca das interpretações de alguns termos e palavras, principalmente daqueles que fazem parte dos quadros teóricos das diversas vertentes de terapias psicológicas.

Alguns desses conceitos mais costumeiramente utilizados foram separados e simplificados nesse capítulo, citando suas interpretações mais comuns. Porém, no caso de haver divergências de sentidos, detalhou-se de qual vertente da psicologia as explicações foram adaptadas.

Aprendizagem

Para a Psicologia da Aprendizagem, esse termo pode ser entendido como o resultado de interações sociais instrutivas nas quais as pessoas, por meio da linguagem, internalizam conceitos e práticas em evidência em sua sociedade. Todo processo de aprendizagem se dá por meio da socialização, seja ela primária (interação face a face) ou secundária (mediada pela internet, pelos livros e outros meios).

Durante os primeiros anos da infância, o cérebro humano está mais propício aos estímulos externos, pois as crianças ainda não internalizaram as preocupações e os padrões comportamentais dos adultos, que muitas vezes formam barreiras para a aquisição de novos conhecimentos.

Além disso, nessa primeira fase da vida, há maior neuroplasticidade cerebral — ou seja, o cérebro possui uma grande flexibilidade para formar conexões a fim de armazenar os aprendizados —, portanto todas as pessoas deveriam ser estimuladas desde cedo para terem mais facilidade em adquirir conhecimentos. Porém, outros fatores, como a genética e a cultura em que a criança está inserida, também influenciam nos processos de aprendizado.

Hábitos

As formas de realizar tarefas repetitivas proporcionadas pela rotina do dia a dia criam o que conhecemos por hábitos. Em determinadas situações, cada pessoa tem sua maneira de agir, e a repetição dessas vivências gera padrões de comportamentos que podem trazer, na mesma intensidade, tanto benefícios quanto malefícios aos indivíduos.

Uma expressão popularmente conhecida e que tem a ver com o termo hábito é a chamada "zona de conforto". Para a psicologia, quando o indivíduo acaba se acomodando demais na rotina e tem dificuldades em aceitar mudanças que poderiam ser benéficas a seu dia a dia, é porque, provavelmente, ele está evitando encarar medos e ansiedades que costumam acompanhar qualquer nova e importante situação na vida.

Nessas situações, recorrer ao apoio da psicoterapia pode ser uma etapa fundamental para poder realizar uma autoavaliação da rotina e, também, ser capaz de esmiuçar os próprios sentimentos que colocam a pessoa frente àquela posição, diagnosticando, assim, os motivos que reforçam certos padrões de comportamentos e que impedem a recepção tranquila de mudanças necessárias.

Dessa forma, é fundamental que o indivíduo que se vê preso ao que popularmente conhecemos como zona de conforto busque ajuda profissional. Nesses casos, psicólogos podem ser grandes aliados para esses ou outros momentos da vida.

Para facilitar mudanças de hábitos

- Verifique o que é preciso mudar: faça uma reflexão sobre sua rotina e elenque os pontos principais que necessitam de mudanças.
- Estabeleça uma meta por vez: defina prioridades e não tente executar tudo ao mesmo tempo, pois, dessa maneira, correrá o risco de "se perder" no meio do caminho.
- Relembre seus objetivos todos os dias: se necessário, repita suas metas para si mesmo em voz baixa, a fim de manter a motivação.
- Respeite seu ritmo: não se cobre demais e concentre-se no presente, aproveitando também a própria experiência de mudança.

Inteligência

Esse é um dos conceitos mais complexos de definir e que, atualmente, não possui um consenso nem entre médicos e tampouco psicólogos. Porém, o que se sabe é que a inteligência humana não pode ser explicada sob um único aspecto ou uma única habilidade.

Antigamente, a métrica mais utilizada para se considerar "inteligência" era a capacidade de interligação dos pensamentos à comunicação do indivíduo, com vistas à formação de enunciados lógicos.

Porém, sabemos que as emoções e as experiências do indivíduo impactam diretamente a expressão da razão. Também há outros tipos de habilidade que podem ser desenvolvidos pelo cérebro e considerados igualmente sob o aspecto da inteligência. De acordo com o psicólogo americano Howard Gardner, que elaborou, em 1994, a Teoria das Inteligências Múltiplas, são sete os principais tipos de habilidade cognitiva: cinestésica-corporal (domínio sobre os movimentos do corpo), espacial-visual (capacidade de orientação pelo espaço ao redor), interpessoal (compreensão das nuances emocionais das pessoas e de saber se relacionar com elas), intrapessoal (conhecimentos sobre si mesmo), linguística (desenvolvimento verbal), lógico-matemática (raciocínio lógico e abstrato) e musical (acuidade auditiva).

Luto

Segundo a vertente psicanalista, o luto pode ser entendido como um processo de desligamento da energia que o sujeito (ego) possuía em relação a um objeto amado, perdido por ocasião de morte ou de abandono.

Assim, o luto pode se manifestar não apenas quando ocorre o falecimento de um ente próximo — embora essa seja a situação mais comum no imaginário popular quando se menciona a palavra —, mas também no rompimento de um relacionamento, na perda de um emprego, dentre outras situações nas quais a pessoa é privada de seu vínculo de afeto e prazer com o próximo.

Tradicionalmente, o processo de luto possui cinco estágios, mas isso não significa que todos os indivíduos vão passar por cada um deles naturalmente. Às vezes, é necessário buscar ajuda psicológica para seguir em frente.

AS CINCO ETAPAS DO LUTO

1) Negação: a pessoa pode tentar negar a situação de perda ocorrida.

2) Raiva: ocorre a manifestação de revoltas. Podem surgir perguntas do tipo: "Por que isso aconteceu comigo?".

3) Negociação: o indivíduo pode querer mudar a realidade, geralmente, fazendo promessas de cunho religioso.

4) Depressão: como não pode mudar o que aconteceu, a pessoa sente tristeza e pode passar até a se culpar pelo fato.

5) Aceitação: o indivíduo lentamente pode começar a falar do assunto com serenidade e a se adaptar à nova rotina sem a presença da pessoa ou do objeto que perdeu.

Relações humanas

Muitas vertentes da psicologia consideram os relacionamentos sociais uma parte fundamental das vivências humanas, pois é em sociedade que a pessoa se desenvolve e também adquire comportamentos típicos da cultura na qual está inserida.

Existem diferentes tipos de relacionamento possíveis, dependendo do vínculo estabelecido entre os seres humanos (familiar, amigável, amoroso), assim como do ambiente e ainda das circunstâncias em que essas pessoas se encontram (na escola, no trabalho, mensagens, entre outros).

Na atualidade, um assunto derivado da temática dos relacionamentos que é bastante abordado nas psicoterapias, e mesmo na mídia em geral, são as relações abusivas. Elas ocorrem, majoritariamente, quando uma das pessoas busca ter mais poder e controlar a vida da outra com quem se relaciona.

Nesse contexto, o tipo de relação considerada tóxica mais conhecida nos dias de hoje acontece quando o relacionamento é romântico e o abusador é um homem e a vítima, uma mulher.

Contudo, o inverso também pode ocorrer, ou seja, quando a pessoa abusada é um homem e o agente abusador é a mulher. Da mesma forma, há ainda relacionamentos não românticos e abusivos (entre familiares, amigos, colegas de trabalho). Em qualquer uma dessas situações, a psicoterapia é recomendada tanto para a vítima quanto para o agressor.

Contatos em foco

- Relações familiares, amigáveis e amorosas podem ser aprimoradas por meio da terapia.
- Interações no mundo do trabalho, na escola e em meio à internet são capazes de exigir, em casos de desequilíbrio, atenção especializada de um profissional da psique para se tornarem mais saudáveis.
- Em situações de relacionamentos abusivos nos mais diversos contextos, é importante salientar que a psicologia pode se atentar tanto à perspectiva do indivíduo agressor quanto a situação da vítima.

Suicídio

Ainda hoje, o suicídio é um dos maiores tabus na sociedade. E isso é extremamente prejudicial, pois evitar falar de um assunto significa não dar a devida importância e visibilidade. Muitas mortes poderiam ser evitadas se as pessoas se sentissem mais à vontade para expressar suas angústias e se encontrassem outros indivíduos dispostos a ouvi-las sem fazer julgamentos sobre o ato de desabafar ou de ter ideias de atentar contra a própria vida.

Para a psicologia, quem geralmente tenta ou consegue cometer suicídio está, na verdade, visando matar seu sofrimento, e não a si mesmo. A morte do corpo físico é a consequência do desespero de se ver sem saída diante de uma dor muito grande. Por isso, as principais causas que levam a um suicídio geralmente são: depressão profunda, outros tipos de transtorno mental, transtornos causados por uso de drogas, perda súbita de um ente querido, recebimento de um diagnóstico de uma doença grave ou degenerativa, entre outros gatilhos.

Traumas

Muitas são as situações que podem ser classificadas como traumas para os seres humanos. Mas como definir especificamente a palavra trauma, diante da diversidade de acontecimentos envolvidos nessa categoria? A psicologia entende o trauma como um mecanismo de defesa provocado por qualquer acontecimento trazido de forma brusca e violenta à consciência. Não é à toa que as pessoas que passaram por algo do tipo tendem a lembrar, ou até mesmo a reviver, o fato com certa frequência: o cérebro mantém a lembrança bem fixada na memória para deixar o organismo em estado de alerta caso enfrente aquela situação dolorosa novamente.

Nos casos mais graves, um trauma pode gerar o Transtorno de Estresse Pós-Traumático (TEPT), um quadro de ansiedade em que a mente da pessoa passa por recordações involuntárias do ocorrido a todo momento, chegando a confundir passado e presente, trazendo impactos diretos em sua rotina e qualidade de vida.

Nessas circunstâncias, é imprescindível buscar tratamento psicológico e medicamentoso. Porém, a psicoterapia, de qualquer forma, também é indicada para todos os indivíduos que já passaram por momentos difíceis, como os traumas.

Há outros sintomas psíquicos que situações traumáticas podem desencadear, tais como: dificuldades em dormir, irritabilidade, isolamento, revivência do episódio traumático, desenvolvimento de quadros emocionais como depressão, ansiedade e Transtorno de Estresse Pós-Traumático (TEPT).

Para combater esses e outros sintomas, a psicologia, que compreende a saúde como resultado da relação entre a mente e o corpo, vem como ferramenta fundamental em busca de um organismo harmonioso. Nesse contexto, tanto hábitos psíquicos quanto físicos devem estar em foco para que o indivíduo consiga desenvolver uma rotina em equilíbrio consigo mesmo.

Viva bem

1. Olhe para as atividades da sua rotina. Faça uma lista com o que pode ser melhorado ou modificado.
2. Concentre-se em uma atitude por vez. Uma rotina saudável é uma construção contínua e frequente.
3. Tente, progressivamente, ir evoluindo rumo a boas práticas. Leia mais, pratique exercícios, saia com os amigos e realize atividades que lhe causem bem.
4. Procure ajuda profissional. É por meio da terapia e do auxílio de profissionais especializados que muitas vezes, a rotina é aprimorada. Contar com uma visão externa e isenta pode ser de extremo valor para buscar uma vida mais saudável.

Atendimento

Com tantos métodos e abordagens diferentes apresentados neste livro, pode parecer difícil escolher o melhor tratamento para si — dado que cada indivíduo tem suas particularidades e pode se sentir melhor em contato com uma ou outra vertente específica da psicologia. Essa definição, mesmo que permeada por muitas dúvidas, é essencial, pois, a partir dela, é possível conduzir o paciente a uma rotina mais equilibrada por meio do método mais adequado para cada caso.

Para tanto, a consulta com especialistas é recomendada. Por entenderem melhor as próprias abordagens do que terceiros, os profissionais são capazes de apontar caminhos ao paciente, que pode tomar a decisão que melhor se encaixa para ele. No entanto, para não começar essa busca pelo "zero" e saber onde procurar ajuda, confira opções de atendimento e tratamento — inclusive, alguns deles gratuitos e disponíveis em todo o Sistema Único de Saúde (SUS).

Convênio

Cada plano de convênio pode oferecer serviços diferentes dos outros, visto que é um acordo entre contratado e empregador. No entanto, de acordo com a regulamentação da Agência Nacional de Saúde (ANS) no "rol de procedimentos mínimos", a cobertura de atendimentos psicológicos é obrigatória — mesmo com algumas restrições. A obrigatoriedade inclui consultas com terapeutas ocupacionais, psicoterapeutas e psicólogos, com números de sessões limitados conforme a especialidade.

No caso de pacientes com diagnóstico primário ou secundário de esquizofrenia, transtornos esquizotípicos e transtornos delirantes, por exemplo, uma consulta com um especialista deve estar inserida em um cronograma terapêutico de, no mínimo, 18 sessões. É necessário ressaltar que cada caso deve passar por uma avaliação prévia do profissional, considerando os trâmites do convênio a que se está associado. Existem diversos tipos de convênio com modelos de credenciamento diferentes.

Atendimento público

De acordo com o Ministério da Saúde, todos os municípios que compreendem 15 mil habitantes ou mais devem oferecer serviços de atendimento psicológico gratuito pelos Centros de Atenção

Psicossocial (CAPS). Esses serviços incluem atendimento interdisciplinar por meio da atuação de psicólogos, assistentes sociais e psiquiatras. Para se beneficiar desse apoio, é necessária uma consulta prévia com um médico clínico geral, que determinará os detalhes do estado de saúde e, se necessário, encaminhará o caso às instituições adequadas.

Posteriormente, o paciente deve consultar a prefeitura da cidade ou os postos de atendimento das Unidades Básicas de Saúde (UBS) para se informar em qual bairro é possível ter acesso ao CAPS da região. Contudo, se o paciente estiver em crise, a consulta pode ser insuficiente e a administração medicamentosa, nestes casos, pode ser requisitada. O principal objetivo desse suporte é evitar possíveis situações de violência que podem afetar o paciente e aqueles que convivem com ele.

Atendimento particular

Nessa categoria — que tem por objetivo a melhora integral no quadro do paciente —, encaixa-se a maioria dos profissionais da área. Existem conselhos federais que determinam faixas de preço referenciais para cada especialidade, assim como valores inferiores e superiores. Ainda assim, o valor cobrado depende apenas da clínica ou do profissional envolvido, de modo que é possível negociar o quanto será cobrado nas consultas de maneira direta, entre contratante e contratado.

Não é incomum que, nos tratamentos particulares, o valor seja flexível à situação socio-econômica do indivíduo que vai procurar ajuda.

BUSQUE AJUDA

▸ Centro de Valorização da Vida (CVV) - Disque 188

Atendimento gratuito, sigiloso e disponível 24h por dia. Oferece apoio emocional e prevenção ao suicídio, atendendo as pessoas que desejam e precisam conversar. Também pode ser consultado por meio do site www.cvv.org.br. que disponibiliza serviço de atendimento por chat.

▸ Central de atendimento à mulher - Disque 180

Atendimento gratuito, sigiloso e disponível 24h por dia. Oferece apoio em casos de abuso, agressão, denúncias e suporte à mulher.

PARA FIXAR NA MEMÓRIA

- A aprendizagem se dá por meio da socialização, seja ela primária (interação face a face) ou secundária (mediada pela internet, pelos livros e outros meios);
- Os hábitos são as formas de realizar tarefas repetitivas proporcionadas pela rotina do dia a dia;
- A inteligência é um dos conceitos mais complexos de definir e que, atualmente, não encontra um consenso entre especialistas. Porém, o que se sabe, é que

ela não pode ser medida sob um único aspecto ou habilidade;

- O luto, segundo a vertente psicanalista, é entendido como um processo de desligamento da energia que o sujeito (ego) possuía em relação a um objeto amado, perdido por ocasião de morte ou de abandono;
- As relações humanas são consideradas essenciais para a vida em sociedade, e existem vários tipos de relacionamento, dependendo do vínculo estabelecido entre as pessoas e do ambiente e das circunstâncias em que elas se encontram;
- O ato do suicídio, para a psicologia, é uma tentativa de a pessoa acabar com

um sofrimento, e não com si mesma. A morte do corpo físico é a consequência do desespero de se ver sem saída diante de uma dor muito grande;

- Os traumas são mecanismos de defesa do cérebro provocados por qualquer acontecimento trazido de forma brusca e violenta à consciência.

FONTES E CONSULTORIAS

Adriana Fóz, neuropsicóloga e diretora clínica da Unidade Integrativa do Hospital Santa Mônica;

Alexandre Braga, psicólogo que atende pela plataforma on-line Zenklub;

André Gellis, psicólogo e professor assistente do departamento de psicologia da Universidade Estadual Paulista (Unesp), em Bauru (sP);

Araceli Albino, psicanalista e presidente do Núcleo de Pesquisas Psicanalíticas (NPP);

Ariana Ribeiro Gomes, psicóloga clínica e acompanhante terapêutica na inclusão escolar;

Bayard Galvão, psicólogo clínico, hipnoterapeuta e palestrante;

Berta Sheila de Souza Ribeiro, psicóloga;

Breno Rosostolato, psicólogo, educador sexual, escritor e professor;

Camila Arruda, psicóloga;
Carla Rodrigues Luiz, pós-graduada no curso de especialização em psicopedagogia pelo Centro de Pós-Graduação e Pesquisa Oswaldo Cruz;
Carolina Macedo, psicóloga;
Celso Riquena, psicanalista do Instituto Langage, em São Paulo;
Cleunice Menezes, psicóloga;
Cristiane Maluf Martin, psicanalista;
Cristiane Mellado, terapeuta cognitivo-comportamental;
Cristianne Vilaça, psicóloga junguiana;
Deborah Nosek, psicóloga;
Evelyn Cordeiro, cofundadora do Grupo EP Business e desenvolvedora da metodologia de aprendizagem da escola de profissionais Vibe Campus;
Fabiane Oliveira, psicóloga;

Flávia Brito, psicóloga e life coach;
Frederico Vasconcelos, psiquiatra;
Gino Cammarota, psicanalista graduado pela Sociedade Brasileira de Psicanálise Integrativa (SBPI). Também ministra aulas dos módulos de Sigmund Freud, Jacques Lacan e Melanie Klein no curso de formação psicanalítica da SBPI;
Jacob Biziak do Santos, doutor em estudos literários pela UNESP de Araraquara, pós-doutor pela USP de Ribeirão Preto e professor;
João Jorge Cabral, psiquiatra;
Júlia Bárány, psicanalista formada pela Sociedade Brasileira de Psicanálise Integrativa (SBPI) e diretora editorial e tradutora na Barany Editora;
Karina Rodrigues, psicóloga e terapeuta;
Kátia Ricardi, psicóloga e presidente da União Nacional dos Analistas Transacionais (Unat);

Marcelo Pinheiro, gestalt-terapeuta e um dos fundadores do Instituto de Gestalt-Terapia e Atendimento Familiar (IGT);
Maria Aparecida da Silva, psicóloga clínica;
Marília Pedroso Xavier, advogada especialista em direito, família e sucessões;
Letícia Guedes, psicóloga e analista comportamental;
Lidiane Silva, psicóloga;
Ligia Venturineli, psicóloga;
Luana Zanelli, psicóloga clínica;
Luciana Mazorra, psicóloga, mestre e doutora pelo programa de psicologia clínica da PUC-SP, especialista em clínica e psicoterapia psicanalítica pela Universidad Pontificia Comillas-Madrid;
Maria Aparecida da Silva, psicólogo;
Mario Louzã, psiquiatra e psicanalista;

Martin Portner, neurologista e mestre em neurociência pela Universidade de Oxford, no Reino Unido;
Maura de Albanesi, psicoterapeuta;
Roberto Debski, médico, coach, trainer em Programação Neurolinguística e psicólogo da clínica Ser Integral, em Florianópolis (SC);
Roberto Garcia Junior, psicólogo;
Rosângela Hasegawa, pedagoga e diretora do Colégio Evolve — Berçário e Educação Infantil;
Simone Miranda Rosa, psicóloga especializada em gestalt-terapia e constelação familiar;
Valéria Santana, psicóloga, administradora da página Rio de Janeiro, Transformando a Dor – Mães e Pais que Perderam Filhos;
Vanessa Müller, neurologista;
Verônica Veras, psicóloga.

ARTIGOS

BASSO, Lissia A.; WAINER, Ricardo. Luto e Perdas Repentinas: Contribuições da Terapia Cognitivo--Comportamenta. *Revista Brasileira de Terapias Cognitivas*, em 2011. Disponível em: https://bit.ly/2Z8AFaA

WATSON, John B. Clássico traduzido: A psicologia como o behaviorista a vê. Revista *Temas em Psicologia*, em 2008. Disponível em: https://bit.ly/2SATwZc

SITES

ALVIM, Mariana. Solidão no luto: pesquisa inédita mostra dificuldades dos brasileiros para lidar com a morte. Portal BBC Brasil. São Paulo, 2018. Disponível em: https://bbc.in/2puXMf6.

LAX, Tamiris M. S. Relacionamentos saudáveis: como se classifica um relacionamento como saudável?. Psicólogos Berrini, 2017. Disponível em: https://bit.ly/2TrgQLX

Nações Unidas Brasil Disponível em: https://bit.ly/2HcFUxH

Segunda edição (junho/2024) Primeira reimpressão
Papel de miolo Lux cream 70g
Tipografia Acumin Pro, Cheddar Gothic Sans e Visby
Gráfica Melting